Gesundheit

„... (ist) ein Zustand vollständigen körperlichen, psychischen und sozialen Wohlbefindens und nicht nur das Fehlen von Beschwerden und Krankheit."

Definition der World Health Organization (WHO) 1946

Wir möchten, dass Sie gesund bleiben!

Dr. F. Schneider | Dr. M. Steinhöfel
Fein[d]staub in Innenräumen,
Wissen, erkennen, vermeiden!

2. Auflage

ISBN: 978-3-9812818-5-9

© EU-Umweltakademie GmbH | Abteilung Verlag
Oberaustr. 6a | D-83026 Rosenheim
www.eu-umweltakademie.eu | E-Mail: office@eu-umweltakademie.de

Druck und Bindung: Rapp-Druck | Printed in Germany

Herstellerinformation:
Beim Einkauf unserer Zellstoffe achten wir darauf, dass zur Produktion Holz aus
nachhaltiger Forstwirtschaft eingesetzt wird. Die Herkunft des Holzes ist uns
bekannt.
Das Holz für unseren Zellstoff stammt aus Plantagen, Durchforstungen, Schnitt-
abfall und anderem Industrierestholz. Hölzer des tropischen Regenwaldes, aus
geschützten Wäldern oder illegalem Einschlag werden nicht verwendet.

Dr. Friedhelm Schneider | Dr. Michael Steinhöfel

Fein[d]staub in Innenräumen
wissen ▶ erkennen ▶ **vermeiden!**

Ein praktischer Ratgeber mit Hintergrundwissen
und hilfreichen Tipps

Inhalt

Vorwort EU-Umweltakademie

Viele Anwohner in den alpinen Touristenhochburgen wehren sich gegen die endlosen Autokarawanen durch ihre Heimatdörfer. Jeder, der dort schon einmal Urlaub gemacht hat, kann dies nachvollziehen. Und sicherlich haben sich viele Menschen bei der Fahrt durch verkehrsreiche Großstädte auch schon einmal gefragt: „Wie kann man hier nur wohnen?" Lärm, Abgase und Feinstaubbelastungen sind hier wie dort so offensichtlich, dass gesetzliche Höchstgrenzen geradezu als Muss erscheinen.

Nach solchen geruchs- und lärmintensiven Ausflügen erscheinen die eigenen Vier Wände als wahre Erholungsoasen. Wer zudem noch das Glück hat, fernab vom Verkehr inmitten der schönen Natur zu leben, wird den Kontrast ganz besonders begrüßen. „My home is my castle" sagen die Engländer zu Recht. Wir Deutschen halten es ähnlich. „Daheim ist daheim" – so lautet die Devise, hier möchten wir ungestört sein, uns erholen und auftanken, geschützt und geborgen fühlen.

Schon seit Jahren fragt eine bekannte Möbelhauskette „Wohnst du noch oder lebst du schon?" und weiß dabei wohl kaum um die Doppeldeutigkeit dieser Frage. Denn während es für den Außenbereich schon längst eine Feinstaubverordnung gibt, denken die meisten, in ihren Wohnräumen wäre alles im „grünen Bereich". Feinstaub bringen die meisten Menschen vorwiegend mit Autoabgasen und diversen Plaketten in Verbindung. Die wenigsten wissen, dass die Belastungen in Innenräumen oftmals noch um ein Vielfaches höher liegen. Einzeln betrachtet erscheinen die Auslöser relativ harmlos. Doch die Langzeitfolgen durch Zigarettenrauch, Laserdrucker, Kopierer, Kerzen, Kochaktivitäten, schlechte Staubsauger, Putzmittel etc. potenzieren sich. Sie zeigen sich oft durch Krankheiten, die erst viele Jahre später auftreten und dann nur nach akribischer Recherche mit den eigentlichen Ursachen in Verbindung gebracht werden.

Unter Fachleuten ist die Problematik von Feinstäuben im Innenbereich längst bekannt. Es wird davon ausgegangen, dass für bestimmte Innenräume früher oder später ebenfalls gesetzliche Vorschriften erfolgen werden. Einige Experten empfehlen dabei die gleichen Höchstwerte, die auch im Außenbereich gelten. Gleichzeitig ist aber auch bekannt, dass diese Höchstwerte bereits jetzt in vielen Betrieben und öffentlich genutzten Innenräumen um ein Vielfaches überschritten werden.

Warum also warten, bis die „Weisung von Oben" erfolgt? Es kommt jedem Unternehmen zu Gute, wenn gesunde Arbeitsbedingungen automatisch zur Gesunderhaltung der Mitarbeiter beitragen. Zudem wird es im Privatbereich nach wie vor in der Eigenverantwortung jedes Einzelnen liegen, in den Wohnräumen für gute und frische Raumluft zu sorgen. Und genau dabei möchten wir Sie gerne unterstützen. Denn je früher man sich damit befasst, umso größer ist der Gewinn an Gesundheit und Lebensfreude. Wer sich mit der Feinstaub-Thematik erstmalig auseinandersetzt, wird vielleicht das ein oder andere Mal „tief Luft holen". Doch in dieser Broschüre wird neben den aufgezeigten Gefahren zugleich er-

sichtlich, welche Mittel und Wege es gibt, um sich ausreichend zu schützen und vor Langzeitfolgen zu bewahren. Schließlich sollen Sie sich in Ihren eigenen Vier Wänden rund herum wohl fühlen. Keine Frage, ein bisschen Staub gehört immer dazu. Doch bei Fein(d)staub sagen wir kategorisch: Nein Danke!

Ihre EU-Umweltakademie

WISSEN UND KOMPETENZ FÜR EINE BESSERE WELT

Anmerkung zum Gebrauch

Im Glossar am Ende des Buches sind Fachbegriffe und Abkürzungen aufgeführt. Erscheint solch ein Begriff erstmalig im Text verweist das Symbol ▲ hinter dem Fachbegriff oder der Abkürzung auf eine ausführliche Erläuterung im Glossar.

Bitte einmal tief Luft holen

Dabei bewegt er rund 12.000 Liter Luft – das Fassungsvermögen eines großen Tanklasters. Eine beeindruckende Menge! Doch kaum jemand denkt darüber nach, solange nicht vor Anstrengung die Puste ausgeht oder ein hartnäckiger Schnupfen die Nase verstopft. Luft zum Atmen erscheint als die selbstverständlichste Sache der Welt.

Aber wehe, sie wäre nicht mehr da! Während wir gut und gerne 30 Tage ohne Nahrung auskommen und es bis zu 5 Tage ohne Wasser aushalten, überleben wir nur maximal vier bis fünf Minuten ohne Atemluft ▲. Und augenscheinlich haben wir gerade bei unserem wichtigsten „Lebensmittel" Luft kaum Einfluss auf dessen Qualität.

Beim Einkauf der Nahrung können wir frei über Güte und Herkunft entscheiden. Was verdorben ist, kommt in den Abfall. Ähnlich ist es bei der Flüssigkeitszufuhr. Vom Leitungswasser über den Morgenkaffee bis zum abendlichen Bier steht es uns frei, wie wir den Flüssigkeitsbedarf decken. Kommt mancherorts das Trinkwasser sehr belastet aus der Leitung, bieten Filtersysteme rasche Abhilfe. Was sich nicht mehr zum Trinken eignet, wird weggeschüttet.

Bei der Luft hingegen können wir kaum Einfluss nehmen. Sie lässt sich nicht einfach zusammenkehren und im Müll entsorgen. Ebenso wenig können wir sie mit ein paar Spritzern Frischespray reinigen. Hier stellen sich viele Fragen: Woran merkt man, ob die Luft gut oder schlecht ist? Ab wann ist ihre Qualität so minderwertig, dass sie die Gesundheit beeinträchtigt? Wie schlimm können die Auswirkungen sein? Wo gibt es Abhilfe? Was können wir selbst dafür tun?

Kein Zweifel: Das Thema Atemluft verdient unsere volle Aufmerksamkeit! Diese Aufmerksamkeit lohnt sich, denn sie zahlt sich gleich mehrfach aus: durch mehr Achtsamkeit für das tägliche Lebensumfeld, durch ein gesteigertes Wohlbefinden und durch eine stabilere Gesundheit.

Gönnen Sie sich dieses Plus an Lebenskraft. Wie Sie es erreichen können? Begleiten Sie uns einfach auf den folgenden Seiten durch eine interessante Reise in die Welt der Raumluft.

Früher war alles besser…?

Rauch und Ruß entweichen ungefiltert

Sehr romantisch sieht es aus, wenn in Filmen aus alten Zeiten das knisternde Feuer die Wohnküche erwärmt. Am liebsten würde man sich gleich selbst auf das Bänkchen vors offene Feuer kuscheln… Doch wie gut, dass es noch keine Geruchsfilme gibt. Sonst würde uns die Romantik schnell vergehen.

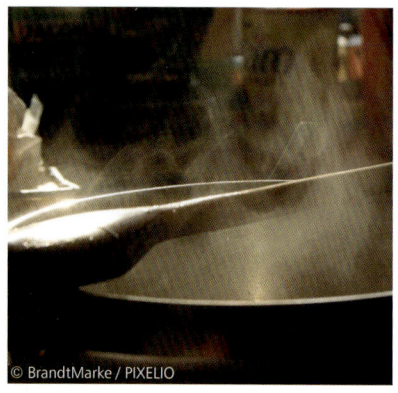
© BrandtMarke / PIXELIO

Denn auch nachdem der schlichte Eisenherd die offene Feuerstelle abgelöst hatte, musste immer die Heizklappe offen bleiben. Noch gab es keine ausgeklügelten Kaminsysteme, die das Feuer von Außen mit genügend Sauerstoff versorgten. Und so entwichen Rauch und Ruß ungefiltert in den Wohnraum. War das Holz abgebrannt und nur noch die glimmende Glut im Herd, wurde es in der Umgebung schnell wieder kalt. Währenddessen entstanden gefährliche Rauchgase. Meistens gab es noch nicht einmal eine Esse zum Rauchabzug. Dann war es tatsächlich Glück, wenn in den zugigen Häusern die gefährlichen Gase durch klapprige Fenster und Türen oder undichte Dachstellen abziehen konnten.

Wer im Mittelalter zurückgezogen auf dem Land lebte, hatte die Alternative, sich in der freien Natur an der reinen Luft zu erholen. In den größeren Dörfern und Städten war im Freien jedoch wenig Erfrischung zu finden. Neben dem schwarzen Ruß aus zahllosen Feuerstellen kamen noch Unmengen von Abfällen, Fäkalien und Kadavern hinzu, die alle Gassen verschmutzten und die Luft verpesteten. In der Weltstadt London z. B. wurde erst 1858 mit dem Bau einer Kanalisation begonnen. Anlass war „The Great Stink" [1], ein unvorstellbarer, bestialischer Gestank, der das biologische Umkippen der Themse bei Sommerhitze und Niedrigwasser begleitete.

Doch zu allen Zeiten gab es auch schon sehr fortschrittliche und kühne Denker. Schon Vitruv, ein römischer Architekt und Ingenieur, dachte bereits im 1. Jahrhundert vor Christus bei der Planung von öffentlichen Straßen und Plätzen über eine gesunde Luftzirkulation nach. Viele Gedanken machte sich auch Christoph Wilhelm Hufeland, einer der berühmtesten Ärzte der Goethezeit. In seinem 1796 erstmals erschienenen Werk „Makrobiotik oder die Kunst, das menschliche Le-

© Andrea Kusajda / PIXELIO

ben zu verlängern" befasst sich ein Kapitel mit dem Zusammenhang von unreiner Luft und dem Zusammenwohnen der Menschen in großen Städten wie Wien, Paris, London oder Amsterdam. Den größten Einfluss für die damalig hohe Sterblichkeitsrate schrieb er der extremen Bevölkerungsdichte und den daraus resultierenden, schlechten Luftverhältnissen zu. Hufeland bezeichnete die vormodernen Städte sehr drastisch als „offene Gräber der Menschheit" [2].

So katastrophal die Auswirkungen von mangelnder Hygiene und extremer Luftverschmutzung damals auch waren, so gaben sie doch auch den Anstoß für einschneidende Veränderungsmaßnahmen. Im Vergleich zu den hygienischen Verhältnissen in den heutigen europäischen Großstädten und zu unserer

stark gestiegenen Lebenserwartung zeigt sich, welche enormen Verbesserungen möglich sind.

So betrachtet, mutet die heutige Luftqualität eigentlich fantastisch sauber an. Aber leider nur oberflächlich. Denn die Tücke liegt in den winzigen Teilchen, die wir meistens weder sehen noch riechen. Erst moderne Luftuntersuchungen bringen sie ungeschönt ans Tageslicht.

Feinstaub

Die Belastung mit Feinstaub ▲ aller Art kennt leider auch keine räumlichen Grenzen. Ungehindert wandert sie von der Außenwelt in die Innenräume. Hier kommen dann noch weitere Belastungen hinzu. Nicht zuletzt auch durch unsere eigenen Aktivitäten wie Atmen, Rauchen, Kochen etc.

Ein ganz normaler Alltag… ?

Morgens am Frühstückstisch. In der Küche blubbert der Kaffee – heute hat ihn der Vater aufgesetzt. Die Mutter liegt noch im Bett. Ihre Nacht war kurz und anstrengend. Der kleine Sohn hatte einen heftigen Asthma-Anfall.

Nun schlafen die beiden noch aus und der Vater brutzelt für sich und die große Tochter Spiegeleier mit Speck.

Plötzlich springt die Fünfzehnjährige auf. Mit einem „Hab was vergessen!" rennt sie zurück ins Zimmer. Da steht ihr nagelneuer Laserdrucker, selbst Euro für Euro durchs Babysitten zusammengespart. Rasch druckt sie drei Seiten für ihr Referat aus und packt die Acryl-Farben für den Kunstunterricht ein. Noch ein letzter prüfender Blick in den Spiegel. Oh je, was ist denn mit ihren Haaren passiert? Energisch greift sie zum Haarspray und sprüht mit mehreren Stößen

mehr Volumen in die Frisur. Puh, das stinkt – nichts wie raus hier! Der Vater hupt schon eilig und wartet mit laufendem Motor vor der Garage. Er bringt seine Tochter bis zur Haltestelle. Zum Glück muss sie die Abgase vom Berufsverkehr nur kurz aushalten – da kommt schon ihr Schulbus! Doch innen im Bus ist die Luft nicht viel besser. Und der Busfahrer hat anscheinend drei Knoblauchzehen gefrühstückt.

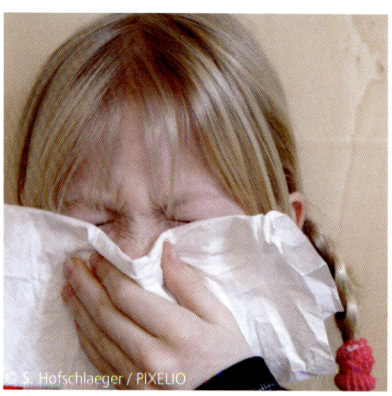
© S. Hofschlaeger / PIXELIO

Zwei Stunden später daheim. Die Mutter erwacht mit dröhnenden Kopfschmerzen. Ob das wirklich nur vom Schlafmangel kommt? Seit rund zwei Wochen fühlt sie sich morgens immer so benommen. Wann hat das eigentlich angefangen? Ja genau, es war exakt an dem Tag, nachdem das neue Schlafzimmer geliefert wurde. Im Kinderzimmer hört sie ihren Sohn husten. Hoffentlich bessert sich sein Asthma bald. Wie gut, dass sie den Schimmel hinterm Schrank endlich entdeckt haben.

Als der Vater abends nach Hause kommt, sind Mutter und Sohn wieder munter. Zum Glück, denn er hat zwei südamerikanische Geschäftspartner mitgebracht.

Zu Ehren der Gäste wird der Tisch mit Kerzenlicht dekoriert. Nach dem Abendessen kramt einer der beiden in seiner Aktentasche. Er hat ein Gastgeschenk dabei. Der Vater soll die Schachtel gleich öffnen und das Geschenk zusammen mit ihm ausprobieren. Seine Frau und er sehen sich verlegen an: In dem edlen Holzkistchen liegen zwölf dicke Havanna-Zigarren…

Was glauben Sie, wie viele Belastungsquellen für unsere Atemluft verstecken sich in der Geschichte? Zählen Sie doch einfach mal nach!

Na, wie wäre es mit einem kleinen Test?

Wunderwerk Lunge

Bei den zahlreichen Belastungen, die im Freien und in Innenräumen auf uns lauern, sind solide Abwehrkräfte gefragt. Die beste Abwehr gegen schädliche Partikel in der Atemluft ist natürlich eine gut funktionierende Lunge. Doch auch wenn diese ihren Job hervorragend macht – die heutigen Einflüsse setzen ihr trotzdem gewaltig zu.

Die fein verästelte Oberfläche unserer Lunge hat, wäre sie ausgebreitet, das beeindruckende Ausmaß von rund 100 m². Mit ihr steht uns ein hocheffizientes Filtersystem zur Verfügung. Millionen von Lungenbläschen leisten Tag für Tag harte Arbeit. Sie unterstützen den Stoffwechsel mit der Zufuhr von frischem Sauerstoff sowie mit dem

Abtransport von Kohlendioxid und anderen Gasen.

Irgendwann versagt leider auch das beste Filtersystem, wenn die Partikel, die es passieren, immer winziger und tückischer werden. Je kleiner die Teilchen sind, die in der Atemluft schweben, umso tiefer dringen sie in die Lunge vor. Mit verheerenden Folgen.

Ultrafeine Stoffe

gelangen in die Blutbahn und rufen dort Entzündungen, Herzschädigungen und andere schwere Krankheiten hervor. Laut der WHO ▲ (Weltgesundheitsorganisation) kostet die Luftverschmutzung jedes Jahr zwei Millionen Menschen das Leben.

Fein[d]staub –
je kleiner, desto tückischer

Feinstaub – was ist darunter eigentlich genau zu verstehen? Staub kennt schließlich jeder. In der Regel ist er auch nicht zu übersehen – spätestens dann nicht mehr, wenn wir unseren Namen auf die Möbel schreiben können... Doch einige Anteile sind winzig klein und für das gewöhnliche Auge nicht erkennbar. Diese feinen Teilchen sind so leicht, dass sie, einmal aufgewirbelt, noch lange in der Luft schweben. Dadurch dringen sie über die Lunge in den Organismus ein und schädigen nicht nur die Atemwege, sondern auch das gesamte Herz-Kreislauf-System. Bei diesen gravierenden Auswirkungen ist es wichtig, die definierten Abstufungen der Partikelgrößen zu kennen. Als Feinstaub, englisch "particulate matter" (PM) ▲, werden Staubteilchen bezeichnet, die eine Zeit lang in der Luft schweben, da sie kleiner als 10 Mikrometer ▲ (μm) im Durchmesser sind. Ein μm entspricht einem Tausendstel Millimeter. Zur Unterscheidung wird der Feinstaub in verschiedene Fraktionen unterteilt.

1. Die einatembare Fraktion des Feinstaubs, PM_{10} genannt, gelangt beim Atmen durch Mund und Nase in den Atemtrakt. Das sind alle Staubteilchen, deren Durchmesser kleiner als 10 Mikrometer sind.

2. Eine Teilmenge der PM_{10}-Fraktion sind die feineren Teilchen, deren Durchmesser weniger als 2,5 Mikrometer beträgt. Diese bezeichnet man als $PM_{2,5}$ oder Feinfraktion (den Größenbereich von 2,5 bis 10 Mikrometer als „Grobfraktion"). Die $PM_{2,5}$-Fraktion gelangt beim Atmen über die Bronchien ▲ bis in die Lungenbläschen (Alveolen ▲).

3. Die kleinsten Teilchen mit Durchmessern von weniger als 0,1 Mikrometer sind die ultrafeinen Partikel (UFP) ▲. Sie passieren ungehindert die Filtersysteme in den oberen und mittleren Atemwegen. Diese feinsten aller Staubteilchen können sehr gefährlich für Atemsystem und Gesundheit werden.

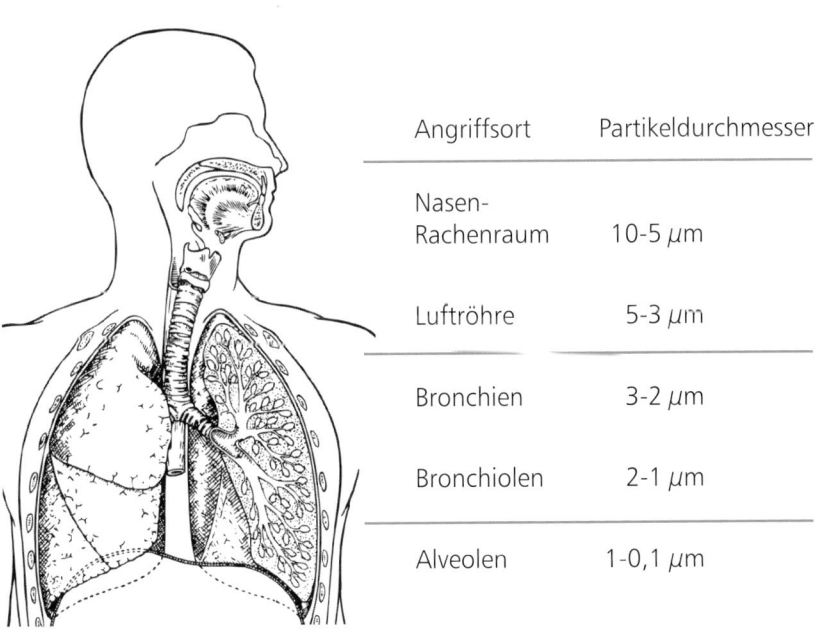

Angriffsort	Partikeldurchmesser
Nasen-Rachenraum	10-5 μm
Luftröhre	5-3 μm
Bronchien	3-2 μm
Bronchiolen	2-1 μm
Alveolen	1-0,1 μm

Aerosole – schnell verflüchtigt, lange schädlich

Neben der Größenzuordnung im Bereich Feinstaub ist es auch wichtig, zwischen Herkunft und Art der belastenden Partikel zu unterscheiden. Häufig ist in diesem Zusammenhang von Aerosolen die Rede. Damit sind alle Stoffe gemeint, die sich unter Lufteinfluss aus Flüssigkeiten und Materialien herauslösen und mit unserer Atemluft eine mehr oder weniger flüchtige Verbindung eingehen.

Darunter gibt es dann Substanzen organischen Ursprungs wie Schimmelpilze, Bakterien, Viren

oder Allergene ▲. Diese werden als Bioaerosole bezeichnet. Sie gelangen bei biologischen Prozessen wie beispielsweise Fäulnis oder Verdauung in die Luft. Sind die Aerosole chemischen Ursprungs, spricht man von VOC ▲ (Volatile Organic Compounds). Dazu gehören Alkohole,

© Sergej Dimmel / PIXELIO

Aldehyde, Kohlenwasserstoffe und Säuren. Sie entweichen beim Verdunsten von Lösemitteln, Flüssigbrennstoffen und vielen weiteren, synthetisch hergestellten Substanzen. Doch egal ob aus chemischen oder biologischen Quellen: Unsere

© Kurt Michel / PIXELIO

Atemluft ist voll von Aerosolen. Und – wie die vorherige kleine Geschichte demonstriert – leider auch von vielen, die unsere Gesundheit stark belasten.

Auch wenn aufgrund der immer strengeren gesetzlichen Vorgaben der Eindruck entstehen könnte, dass die größte Luftbelastung durch Industrie- und Verkehrsabgase entsteht: Dem ist ganz und gar nicht so. In Mitteleuropa haben die Innenräume einen viel gravierenderen gesundheitlichen Einfluss. Das hat einen ganz einfachen Grund – wir halten uns dort schließlich auch am meisten auf! Im Schnitt verbringt man in unseren Breitengraden rund 80 bis 90 % der Zeit in geschlossenen Räumen – vom Auto bis zu den öffentlichen Verkehrsmitteln, von Konzertsälen über Schulen bis zu Sporthallen, vom Büro über den heimischen Hobbykeller bis zum Schlafzimmer.

Erschwerend kommt noch hinzu, dass in den Innenräumen der Kontakt zu den Schadstoffquellen meist wesentlich näher ist als im Außenbereich. Doch egal ob Ozon, Gerüche oder Schimmel, Tonerstaub oder Kerzenruß, Zigarren- oder Zigarettenqualm, die Ausdünstungen von Baustoffen, Polstern und Möbeln: Die gesundheitliche Belastung wird in der Regel erst nach länger anhaltenden Beschwerden registriert. Wer ahnt denn schon, was da alles heimlich aus Fußboden, Wand und Decke kriecht? Wer achtet schon im Büro, beim Heimwerken oder Basteln immer darauf, welche Tücken sich in Farben, Lacken und Klebstoffen verbergen? Und auch bei den Reinigungsmitteln denken die meisten zuerst an den reinigenden und selten an einen die Atemluft verschmutzenden Effekt.

Die Liste ungesunder Stoffe,

die gas- oder dampfförmig in unsere Innenräume gelangen, ist in der Tat endlos lang. Manchmal sind es mehrere Hundert Einzelverbindungen, die in verzwickten Kombinationen zu heftigsten allergischen Reaktionen führen.

Da ist es nicht weiter erstaunlich, wenn die Fahndung nach dem hauptschuldigen „Bösewicht" oftmals aussichtslos erscheint. Vor allem unmittelbar nach Bau- und Renovierungsmaßnahmen sowie bei unsachgemäßer Verarbeitung und

dem massiven Einsatz schadstoff-
reicher Produkte treten gehäufte
Reaktionen auf. Sie reichen von
Geruchsbelästigungen, Reizungen
und diffusen Symptomen bis zu
chronischen Auswirkungen.

Doch be-
vor Sie
jetzt gar
zu kritisch

> *Aerosole können sogar das Erbgut verändern, die Fortpflanzung gefährden oder Krebs erzeugen.*

an Ihr trautes Heim denken –
etwas Relativierung kann helfen,
das richtige Maß zu finden. Einzeln betrachtet sind die Konzent-
rationen sehr gering und laut dem
deutschen   Umweltbundesamt
gesundheitlich kaum bedenklich.
Doch den Ausschlag gibt natürlich
auch die Summe aller Dinge. Und
das rechtzeitige Ergreifen geeigne-
ter Gegenmaßnahmen. Erfahren
Sie daher gleich, wie Sie die Luftbelastung selbst senken können und
durch welche Maßnahmen Schadstoffe erst gar nicht in Ihre Wohn-
und Arbeitsräume gelangen.

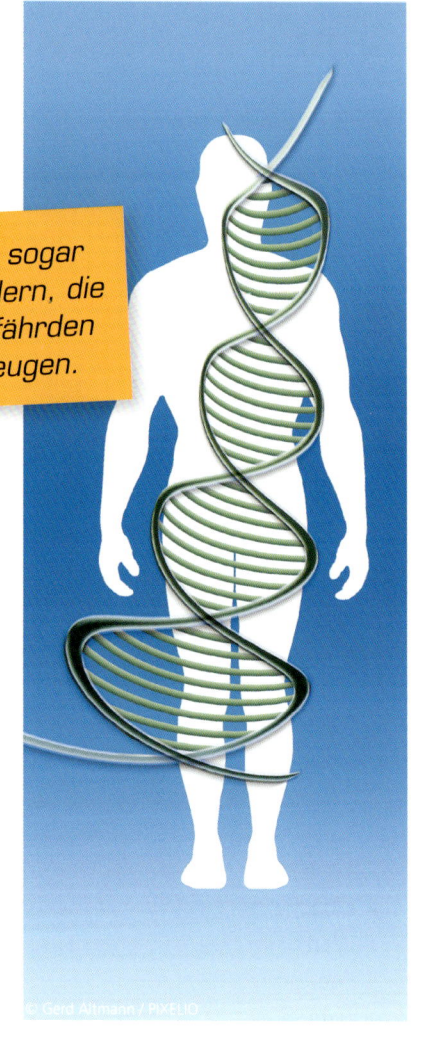

© Gerd Altmann / PIXELIO

Dem Fein[d]staub zu Leibe rücken

Vorbeugen ist besser als Heilen – das gilt für alles, was unsere Gesundheit beeinträchtigen könnte, also auch für Feinstaub. Zur besseren Übersicht ist die nachfolgende Checkliste in drei Bereiche aufgeteilt:

1. **Was können Sie tun, um keine neuen Schadstoffe in Ihre Innenräume zu holen?**
2. **Wie können Sie schon vorhandene oder kaum vermeidliche Schadstoffe begrenzen bzw. entfernen?**
3. **Wo finden Sie Hilfe bei gesundheitlichen Problemen, deren Ursachen in einer Feinstaubbelastung liegen könnten?**

1. „Ich muss draußen bleiben" – so weisen Sie Feinstaub die Tür
Wie gut, wenn Sie schon von Anfang an rechtzeitig zur Stelle sind, um den lästigen Feinstaub gar nicht erst über die Schwelle zu lassen.
Diese Tipps helfen Ihnen dabei:

- bei Neubau oder Renovierung auf passende, schadstofffreie Baustoffe achten
- Entscheidung für ein emissionsarmes/emissionsfreies Heizungs- und Warmwassersystem
- Energiezufuhr aus sauberen Quellen wie Erdwärme oder Solarenergie nutzen
- der Schimmelbildung durch gute Gebäude- und Raumbelüftung vorbeugen
- Einrichtungsgegenstände vor dem Kauf auf Herkunftsquellen und gesundheitliche Verträglichkeit prüfen
- bei der Innendekoration (Lacke, Farben, Böden, Teppiche etc.) auf unbedenkliche Materialien achten
- Zugluftquellen an Fugen, Fenstern und Türen abdichten

2. „Auf in den Kampf" – so bieten Sie den Schadstoffen Paroli

Die Lebensfreude sollte Ihnen der Feinstaub nicht verderben, wir leben ja schließlich nicht im Glaskasten. Doch mit der Beachtung einfacher Tipps können Sie seine Entstehung deutlich eindämmen:

- Zigaretten- und Tabakgenuss in Innenräumen untersagen

- Gebrauch von Räucherstäbchen und Kerzen einschränken; Öko-Kerzen ohne Schadstoffe benutzen; Rauchbildung vermeiden – Docht zum Löschen ins heiße Wachs tauchen

- Teppiche mindestens ein- bis zweimal pro Woche saugen und beim Saugen lüften. Staubsauger mit sogenanntem HEPA-Filter ▲ verwenden

- Vorhänge, Polster und Decken regelmäßig ausschütteln, in die Sonne hängen und waschen

- Möbel und Einrichtung mit feuchtem Tuch abstauben

- Böden und Fliesen regelmäßig nass wischen

- nur im Freien grillen; beim Braten und Kochen Dunstabzugshaube benutzen und Fenster zum Lüften öffnen

- in geschlossenen Räumen möglichst nicht mit lösungsmittelhaltigen Farben und Klebstoffen hantieren; wenn doch, hinterher unbedingt gut lüften, dabei gegenüberliegende Fenster bzw. Türen einige Minuten komplett öffnen

- Reinigungsmittel kritisch auf Inhaltsstoffe prüfen

Öko-Kerzen ohne Schadstoffe benutzen und nicht rauchen!

© SueSch / PIXELIO

© Benjamin Thorn / PIX

3. „Nicht mit mir" – so unterstützen Sie Ihre Gesundheit

Falls Sie schon länger unter Allergien und diffusen Krankheitssymptomen leiden, haben Sie sich sicher schon nach den Gründen gefragt. Hier hilft Ihnen der ein oder andere Tipp, den Ursachen schneller auf die Spur zu kommen und zusätzliche Beeinträchtigungen zu vermeiden:

- Produkte ohne Angabe von Inhaltsstoffen bzw. Herkunft auf Beschaffenheit und eventuelle Ausdünstungen überprüfen lassen; hierfür beim Arzt, in der Apotheke, in öffentlichen Labors oder staatlichen Untersuchungsämtern nachfragen

- Produktproben zum Allergietest mitbringen

- nur allergiegetestete Öko-Düfte und Sprays benutzen

- Abfälle hygienesicher deponieren; Biomüll täglich entsorgen

- Klimaanlagen und Raumbelüftung überprüfen; Ventilatoren ohne frontales Anstrahlen positionieren

- stets für ausreichend Frischluftzufuhr sorgen; regelmäßige und lange Aufenthalte in freier Natur und frischer Luft

© Thomas Max Müller / PIXELIO

Nun kennen Sie eine ganze Bandbreite von Möglichkeiten, um sich rechtzeitig gegen die schädlichen Auswirkungen von Feinstaub in den Innenräumen zu schützen. Später werden Sie noch erfahren, wie modernste Technik dazu beitragen kann, gesunde Lebensräume zu schaffen.

Doch zuvor möchten wir die Wichtigkeit für Ihren und unseren Einsatz gegen Feinstaub noch durch die aufschlussreichen Ergebnisse diverser Studien belegen.

Fakten –
Fein[d]staub als Gesundheitsrisiko

Der Einfluss von Feinstaubbelastungen der Luft auf die menschliche Gesundheit wird durch zahlreiche epidemiologische ▲ Untersuchungen belegt. Historisch bedingt, beziehen sie sich meist auf die Feinstaubbelastung der Außenluft. Inzwischen gibt es aber auch immer mehr Arbeiten zu Feinstaub in Innenräumen. Die Ergebnisse sind alarmierend.

Dr. med. Michael Steinhöfel leitet in Oberbayern eine privatärztliche Naturheilpraxis mit den Fachbereichen Homöopathie, Chirotherapie, Naturheilverfahren und Präventivmedizin.

Als Geschäftsführer der medforschung befasst er sich neben reger Tätigkeit in öffentlichen und Fachvorträgen seit Jahren mit wissenschaftlichen Untersuchungen zum Schutz vor gesundheitsschädlichen Einflüssen elektromagnetischer Felder auf den menschlichen Organismus.

Seine Patienten konfrontieren ihn regelmäßig mit den gravierenden Auswirkungen der Feinstaubbelastung. Für diese Broschüre hat er aus der Vielzahl der wissenschaftlichen Arbeiten und Studien von nationalen und internationalen Experten einige besonders aufschlussreiche Untersuchungsergebnisse (in Schaukästen dargestellt) zusammengetragen.

Schon kurzzeitige Anstiege der Feinstaubbelastung ($PM_{2,5}$ und PM_{10}) um 10 Mikrogramm pro m^3 führen zu einem Anstieg der Mortalität, also der Sterbewahrscheinlichkeit der Gesamtbevölkerung, von 0,3 bis 1,6 %. Dies belegten bereits 1996 die Ergebnisse von epidemiologischen Untersuchungen durch die WHO [3]. Besonders gefährdet sind Menschen mit Asthma ▲ und chronischer Bronchitis ▲, sowie Kleinkinder und ältere Menschen.

Zu den dokumentierten Kurzzeiteffekten durch Feinstaub [4] zählen neben den erhöhten Mortalitätsraten auch vermehrte Krankenhausaufnahmen und Arztbesuche wegen Herz-, Kreislauf- und Atemwegerkrankungen. An Tagen mit erhöhten Partikelkonzentrationen in der Atemluft treten vermehrte Asthmasymptome auf, die Lungenfunktion ist eingeschränkt und die Patienten haben an den Folgetagen vermehrt einen höheren Bedarf an Medikamenten. Außerdem steigt die Häufigkeit von Herzinfarkten und plötzlichem Herztod.

Hinsichtlich der Langzeitexposition (langzeitige Einflüsse aus unterschiedlichsten Quellen) gegenüber Feinstaub geben zahlreiche Studien ebenfalls Anhaltspunkte für eine deutliche Wirkung auf die Gesundheit. Sie reichen von chronischen Atemwegerkrankungen und vermindertem Lungenwachstum bis hin zu statistisch belegten Zusammenhängen mit einer erhöhten Sterblichkeit an Herzkreislauf bedingten Erkrankungen und Lungenkrebs.

Fein[d]staub und Kinder

Steigt die Feinstaubbelastung im Jahresmittel nur um 10 Mikrogramm pro m^3, bewirkt dies bei Kindern eine um 20 bis 40 % häufigere Erkrankung an Bronchitis [5].

Eine aktuelle Studie im Auftrag der Regierung Flanders aus dem Jahre 2012 [4] untersucht Umweltfaktoren, die zur Luftverschmutzung beitragen und damit die Volksgesundheit in Flandern beeinträchtigen und somit letztendlich immense finanzielle Schäden verursachen. Dabei wurden 18 Stoffe und Stoffgruppen untersucht und bewertet.

Fazit: Feinstaub in Form von PM_{10} und $PM_{2,5}$ verursacht 75 % der Gesamtbelastung und hat mit Abstand das höchste Gefährdungspotenzial aller untersuchten Luftschadstoffe.

Früher ging man schlicht davon aus, dass die Belastungen in Innenräumen ▲ im Wesentlichen den Außenraumbelastungen entsprechen, abhängig von der Belüftung. Doch weit gefehlt – der Feinstaubanteil in Innenräumen kann, je nach Nutzung, noch deutlich höher sein als in der Außenluft. Die Raumluft wird mit Tabakrauch, Kochen, Kerzen, Staubsaugen, Laserdrucker, Kopierer und noch vielen anderen Partikelquellen zusätzlich belastet.

Eine vom deutschen Allergie- und Asthmabund (DAAB) 2005 in Auftrag gegebene Studie nennt für Feinstaubbelastungen in Wohnungen Werte zwischen 5 und 280

© R_by_brit ber / PIXELIO

Mikrogramm pro m^3 [7]. Grob geschätzt übersteigen also die Feinstaubbelastungen in Innenräumen die der Außenbereiche um den Faktor 1,5 - 2!

Diese Werte sind an sich schon erschreckend genug. Doch die Belastung wird noch gravierender, wenn man berücksichtigt, dass in unseren Breitengraden erheblich mehr Zeit in Innenräumen als im Freien verbracht wird. Aus diesem Grund ist die Feinstaubbelastung in Innenräumen tatsächlich von weit größerer gesundheitlicher Bedeutung als im Außenbereich. Zudem gibt es Hinweise darauf, dass Innenraum-Feinstaub über ein höheres toxisches Potential verfügt – also giftiger ist – als Feinstaub in der Außenluft. Das liegt unter anderem an der höheren Luftfeuchtigkeit in Innenräumen und den damit verbundenen besseren Wachstumsbedingungen für Mikroorganismen. An die Feinstaubpartikel in Innenräumen lagern sich vermehrt Mikroorganismen und Endotoxine ▲, die aus Zellmembranen von Bakterien stammen, sowie Allergene an. Da Allergene vor allem als ultrafeine, lungengängige Partikel ihren Weg in den Körper nehmen, spielt die Feinstaubkonzentration im Innenraum vor allem für Allergiker eine maßgebliche Rolle.

Untersuchungen zum toxischen Potenzial von Feinstaub wurden sowohl mit atmosphärischem

terschieden sich extrem von Nicht-raucherhaushalten. In Raucher-haushalten war die Toxizität des Feinstaubs gegenüber Nichtrau-cherhaushalten um das Dreifache erhöht. Eine Bestimmung des Ruß-gehaltes in den Feinstäuben belegt die große Bedeutung des Rauchens für die Feinstaubbelastung.

Feinstaub, als auch mit Feinstaub aus Innenräumen durchgeführt. Sie zeigen neben zytotoxischen (zellschädlichen), mutagenen (das Erbgut verändernden) und neuro-toxischen (das Nervensystem schä-digenden) Wirkungen, insbesonde-re ausgeprägte Reizwirkungen auf die oberen und unteren Atemwege.

Bei einer Untersuchung in 51 Münchner Haushalten [8] und als Referenz gleichzeitig im Freien vorgenommener Feinstaubsamm-lungen war die Zellgiftigkeit der Außenluft in der Innenstadt am höchsten und nahm zu den Vor-orten hin ab. In zwei Dritteln der untersuchten Haushalte war der Innenraum-Feinstaub toxischer als der atmosphärische Feinstaub. Die Erhöhung der Toxizität betrug im Mittel 33 %. Raucherhaushalte un-

Fein[d]staub im Tabakrauch

Vielleicht würde nicht so viel über das Für und Wider des Rauchverbots diskutiert, wenn folgende Zahlen allgemein bekannt wären:
Die typische $PM_{2,5}$ Konzentrati-on in Wohnungen liegt bei 20 bis 30 Mikrogramm pro m^3. Im Vergleich dazu lagen die Werte in der Gastronomie vor dem Rauchverbot extrem hoch. In Re-staurants wurden durchschnitt-liche Partikelkonzentrationen von 178 Mikrogramm pro m^3 und in Diskotheken sogar bis zu 808 Mikrogramm pro m^3 gemessen!

Egal ob toxisch oder nicht – in unsere Lunge gehört kein Staub! Im Mai 2008 wurde die 1995 begon-nene Studie der Bundesanstalt für Arbeitsschutz und Arbeitsmedizin über die „Untersuchung der krebs-erzeugenden Wirkung von Nanopartikeln und anderen Stäuben" (19-Stäube-Studie) veröffentlicht [9].

Das Ergebnis: biobeständige Stäube, die fein genug sind, um tief in die Lunge zu gelangen, können auch, ohne selbst toxisch zu sein, Lungentumore erzeugen. Und leider passiert dies laut der Studie viel häufiger als vermutet. Zu den untersuchten Stäuben zählten unter anderem Dieselruß, Toner, Aluminiumverbindungen, Gesteins- und Kohlenstaub.

Feinstaub ist Fein[d]staub

Durch all diese und noch viele weitere Studien ergab sich eine übereinstimmende Erkenntnis: Es gibt keinen unteren Schwellenwert, ab dem eine Feinstaubbelastung als gesundheitlich unbedenklich betrachtet werden kann. Vielmehr besteht eine lineare Dosis-Wirkungsbeziehung zwischen Feinstaubbelastung und dem Gesundheitsrisiko.

Das bedeutet: Mehr Staub heißt mehr Risiko. Weniger Staub bedeutet weniger Risiko.

Die bisherige öffentliche Diskussion dreht sich überwiegend um die Staubfraktion PM_{10}. Doch Wissenschaftler bestätigen, dass die kleineren Staubpartikel bis hin zu den ultrafeinen Stäuben am gefährlichsten sind und gerade für diese gibt es momentan weder Grenzwerte noch ein Überwachungsnetz. Dr. Ulrich Frank vom Umweltforschungszentrum der Helmholzgemeinschaft UFZ sagt dazu: „Für größere Staubpartikel gibt es verschiedene Abwehrmechanismen des Körpers, jedoch gegen kleinere Partikel hat der Mensch keine solchen Abwehrmechanismen."

Wissenschaftler des Forschungszentrums für Umwelt und Gesundheit GSF in München, konnten nachweisen, dass solche ultrafeinen Staubpartikel in die Blutzirkulation des Herzens, der Leber und anderer Organe transportiert werden und selbst ins Gehirn vordringen können, indem sie zunächst die dünne Membran der Lungenbläschen durchdringen und so ins Blut gelangen, womit sie dann zu jedem Organ transportiert werden. Anhand von Tierversuchen wiesen die Wissenschaftler nach, dass die ultrafeinen Partikel die Blutplättchen (Thrombozyten) aktivieren, dadurch gerinnt das Blut schneller und das Thromboserisiko ist erhöht, Infarkte werden wahrscheinlich.

Die Partikel können aber auch über das vegetative Nervensystem Einfluss auf den Organismus nehmen, indem sie mit Rezeptoren auf der Oberfläche der Lungenbläschen interagieren und so das vegetative Nervensystem beeinflussen. Dies hat zur Folge, dass der Sympathikus, der den Körper in Alarmbereitschaft versetzt, stärker aktiviert ist, der Puls beschleunigt und die Variabilität des Herzschlages eingeschränkt wird. Somit kann dieser Mensch nicht mehr angemessen auf körperliche Anstrengungen und Stress reagieren.

Einen dritten Wirkmechanismus der ultrafeinen Partikel beschrieben die Forscher des GSF als Auslöser von Entzündungsvorgängen im Lungengewebe, wodurch Botenstoffe freigesetzt werden, die die Blutgerinnungsfähigkeit erhöhen. Auch hierdurch wird das Thromboserisiko gefördert.

Fein[d]staub und Thrombose

An einem Mailänder Thrombosezentrum [10]. wurden 870 Thrombosepatienten mit 1.210 altersgleichen Kontrollen verglichen.

Ergebnis:

Je mehr Feinstaub in der Luft, desto größer ist das Risiko einer tiefen Venenthrombose.
Nach Berechnungen der Autoren dieser Studie steigt das Risiko um 70 %, wenn der PM_{10}-Wert um 10 Mikrogramm pro m^3 ansteigt!

Eine Pilotstudie im Fachblatt „Brain and Cognition" aus dem Jahre 2009 [11] zeigt sogar, dass Kinder, die in einer Stadt mit hoher Luftverschmutzung leben, Hirnschäden riskieren. Festgestellt wurden Entwicklungsanomalien vor allem im Vorderhirn. Diese Region ist nicht nur wichtig für soziales Verhalten und Emotionen, sondern auch für vorausschauendes Planen und Handeln. Hier löst der Geist Probleme, hier fällt er Entscheidungen.

© Rainer Sturm / PIXELIO

Fein[d]staub und Gehirn

Eine Studie aus Mexiko City, die in der Fachzeitschrift „Molecular Ecology" 2009 veröffentlicht wurde [12], ergab bei sozial gleich gestellten, aber in stärker belasteter Luft lebenden Kindern signifikant häufiger kognitive Störungen. Sie verarbeiteten langsamer neue Informationen, ihr Gedächtnis zeigte Lücken. Die Funktionen wie Planen und Lösen von Problemen und das Fällen von Entscheidungen waren beeinträchtigt.
In Kernspinbildern des Gehirns fielen Veränderungen auf im Sinne von Schäden in der weißen Hirnsubstanz und Gefäßveränderungen. Dies sind vermutlich Folgen chronischer Entzündungen. Das bedeutet, dass Luftverschmutzung nicht nur die physische, sondern möglicherweise auch die geistige Gesundheit gefährdet.

Auch die Untersuchungen des Harvard-Epidemiologien Joel Schwartz aus dem Jahre 2008 [13] bestätigen dies. Sie zeigen, dass Kinder, die in Städten mit hoher Feinstaubkonzentration aufwachsen, einen um 3 Punkte niedrigeren Intelligenzquotienten haben. Als Gradmesser diente die Menge gemessener Rußpartikel in der Luft. Stieg diese an, zeigten sich in verschiedenen Standardintelligenztests signifikant niedrigere Leistungen im sprachlichen und nicht-sprachlichen Bereich. Belastete Kinder lernten schlechter und konnten sich weniger auf ihr Gedächtnis verlassen. In der Studie wurde allerdings nicht auf die sozialen Schichten eingegangen.

© R K B by JUREC / PIXELIO

Fein[d]staub und Alzheimer

Zusammenhänge von Langzeit-belastungen mit Feinstaub in der Atemluft und Alzheimererkran-kungen konnten vom Institut umweltmedizinische Forschung der Universität Düsseldorf Ulrich Ranft, bestätigt werden (Spiegel 23.02.2010).

Einer der weltweit führenden Nanotoxikologen, Günther Ober-dörster von der University of Rochester im US Bundesstaat New York, verweist zudem auf die Kran-kengeschichte von Schweißern [14]. Bei manchen wurden schon mit 46 Jahren Parkinsonsyndrome beobachtet – 17 Jahre früher als beim Durchschnitt der Bevölke-rung. Oberdörster verdächtigt ult-rafeine Manganoxidpartikel, die in hoher Zahl im Schweißrauch auf-treten. Der Forscher vermutet fer-ner, dass die meisten Tierversuche darauf hindeuten, dass ultrafeine Partikel über den Riechnerv ins Ge-hirn gelangen.

Nach dem heutigen Wissensstand besteht also mehr als ge-nug Grund, die kleinen, unscheinbaren Partikel in unserer Atemluft sehr, sehr ernst zu nehmen!

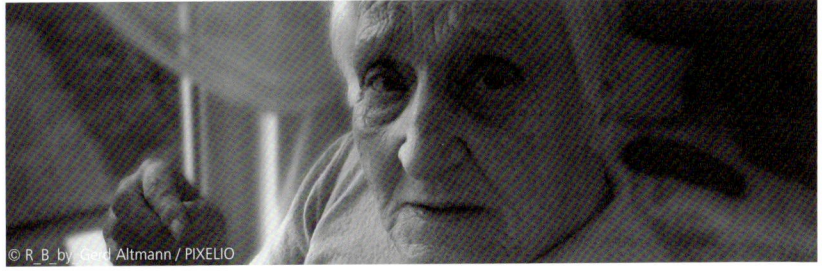

© R_B_by Gerd Altmann / PIXELIO

Am Anfang war der Staub...

Wie Sie ja bereits gelesen haben – oft bringt bereits die Anwendung einfacher, aller Hausmittel schon viel Erleichterung. Doch ohne wissenschaftliche Forschungen, den laufenden Erkenntnissen aus Architektur, Bau- und Städteplanung sowie ohne die Entwicklung technischer Hilfsmittel wären wir kaum in der Lage, den überall gegenwärtigen Feinstäuben zu trotzen. Denn trotz aller Widrigkeiten: Staub gehört zum Leben bzw. ohne Staub gäbe es auch kein Leben, wie Hartmut Bitomsky in seinem Dokumentarfilm „Staub" [15] auf einzigartige Weise darstellt.

Staub.

Er ist der Anfang aller Materie. Urmaterie, aus der Planeten und Galaxien entstanden. Ohne Staub gäbe es kein Universum. Ohne Staubteilchen könnte in der Atmosphäre keine Feuchtigkeit kondensieren, würden keine Wolken entstehen, gäbe es keinen Regen.

Staub.

Allgegenwärtig, allen Widerständen trotzend. Feinste Partikel, die ihre lautlose, schwebende Reise niemals ganz beenden. Nicht einmal im hochsterilen Reinraum zur Herstellung von Microchips. Denn auch hier bringen die Mitarbeiter trotz aller Vorsichtsmaßnahmen wieder neuen Staub hinein. Unser andauernder Kampf gegen den unsichtbaren Fein(d)staub gleicht einer Sisyphusarbeit. Er schlüpft durch jede Nische, nistet in Teppichböden, auf Dachstühlen, dringt in Laboratorien ein und okkupiert Kunstwerke. Und jede Sekunde werden neue Tonnen von Staub produziert – bei Bauarbeiten, durch Industrie-Emissionen, in Steinbrüchen, beim Kohleabbau. Riesige Mengen von Staubpartikeln steigen bis zu 4.000 Kilometer weit hoch in die Atmosphäre.

> Ohne Staub gäbe es auch kein Leben.

Staub. Manchmal harmlos, manchmal tödlich. Schon immer bekämpft, nie besiegt. Doch in vielen Bereichen wurde ihm schon wirkungsvoll zu Leibe gerückt, konnten unsere Lebensbedingungen dank technischer Errungenschaften stark verbessert werden. Und manchmal waren es die einfachsten Erkenntnisse, die die größten Erleichterungen brachten.

… und dann kam der Staubsauger

Jede große Technik hat mal klein angefangen. So auch die des Staubsaugers. Ganz genau lässt sich das Datum seiner Erfindung nicht zuordnen. Bis er auf den Plan kam, kannte man nur Besen, Teppichklopfer und Wischmop. Die allerersten mechanischen Hilfsmittel basierten noch auf dem Prinzip eines Blasebalgs und verteilten den Staub nur von einem Ort zum anderen.

Ganz zu Anfang des 20. Jahrhunderts kam es dann zur simplen, aber bahnbrechenden Erkenntnis. Der Brückenbauingenieur Hubert Cecil Booth beobachtete bei einer Vorführung der Midland Railway Company in London den wenig überzeugenden Versuch, einen Eisenbahnwagen mittels Pressluft zu reinigen. Booths Erkenntnis: Es wäre wesentlich sinnvoller, Staub und Schmutz von den Sitzen abzusaugen! Er begann zu tüfteln und entwickelte ein Gerät, das nach dem Prinzip einer Vakuumpumpe funktionierte. Ab dem Jahr 1901 fuhr dann der Cecil Booths Original-Straßenstaubsauger von Haus zu Haus. Er konnte gleichzeitig vier Wohnungen bedienen, indem der Staub durch überlange Schläuche aus den Zimmern gesaugt wurde. Doch nur besonders reiche Leute konnten es sich leisten, zur Reinigung ihrer Teppiche die Angestellten der Firma Booth und ihren Staubsauger-Pferdewagen zu bestellen. Zudem machte das Gerät einen Höllenlärm, was seine Beliebtheit nicht gerade steigerte.

Einige Jahre nach Booths Erfindung kam in Ohio die Stunde des Hausmeisters James Murray Spangler. Er bastelte 1906 ein neues Gerät aus einem Ventilator, einem Kasten, einem Kopfkissen und einer rotierenden Bürste. Spangler, der im Übrigen Asthmatiker war, ließ seine Idee 1908 patentieren und verkaufte sie an die Firma seines Cousins, die „Hoover Harness and Leather Goods Factory". Hoover gehört heute noch zu den bekanntesten Staubsaugermarken, und im Englischen wird staubsaugen nach wie vor „doing the hoovering" genannt.

Doch noch galt der Staubsauger als neumodische Extravaganz. In den besseren Kreisen verfügte man schließlich über genügend Dienstmädchen, die ständig damit beschäftigt waren, Staub und Schmutz zu beseitigen. Nach Ende des ersten Weltkrieges änderte sich das Bild. Die einsetzende Industrialisierung führte zur Abwanderung vieler Dienstboten in die Büros und Fabriken. Nun kam auch die ein oder andere feine Dame nicht mehr

darum herum, selbst Hand an den Staub zu legen.

„Ganz Dame und doch Hausfrau" lautete 1925 der Werbeslogan für den ersten handlichen Kleinstaubsauger, dem „AEG Vampyr". Auf dem Werbeplakat posierte die Schauspielerin Edmonde Guy lasziv, selbstbewusst und in schillernder Abendgarderobe. Ein geschickter Schachzug der Werbung, um die Beschäftigung mit peinlicher Dienstbotenarbeit in das erstrebenswerte Gegenteil eines fortschrittlichen Freizeitspielchens zu verkehren.

Bis zum zweiten Weltkrieg galt der Besitz eines Staubsaugers noch als Luxus für reiche Leute. In den Fünfziger Jahren trat jedoch, parallel mit dem vermehrten Einsatz von Teppichböden und der Elektrifizierung aller Wohnsiedlungen, der praktische Haushaltsstaubsauger seinen endgültigen Siegeszug an [16].

Vielerorts wurde auch ein sogenannter Hausstaubsauger fest in die Wohnräume eingebaut. Das Zentralgerät war mit einem im ganzen Haus verzweigten Rohrsystem verbunden. In jedem Zimmer bzw. Stockwerk konnten separate Handgeräte an die Schlauchleitung angeschlossen werden. In einigen

Ländern ist dieses Staubsauger-system auch heute noch verbreitet und vor allem bei staubempfindlichen Allergikern beliebt.

Edmonde Guy mit dem **AEG** Vampyr

Ein Hoch auf die Technik

Alles hat zwei Seiten.

So wie der technische Fortschritt einerseits neue Probleme schaffen kann, so hilft er doch andererseits, bestehende zu beseitigen. Die spannende Entwicklungsgeschichte des Haushaltsstaubsaugers ist dafür ein gutes Beispiel. Und immer noch wird an seiner Technik weitergefeilt. So versprechen moderne Wasserstaubsauger, ganz wie in der Natur die Luft zu waschen und Staub, Schmutz, Umweltgifte, Milben, Keime und Allergene sicher im Wasser zu binden. Auch bei den herkömmlichen Geräten wird kontinuierlich an den Filtersystemen und bei den Materialien der Staubbeutel getüftelt. Denn nicht jeder Sauger ist so gut wie er verspricht. Viele verraten schon durch die Geruchsemissionen, dass nicht alles, was sie wieder ausblasen, wirklich rein und gesund ist. Daher ist es vor allem für Allergiker wichtig, sich vor dem Kauf eines neuen Gerätes sehr genau über den aktuellen Stand der Filtertechnik zu informieren.

Auch in der Gebäudetechnik tut sich viel. Die Filtersysteme für mobile oder stationäre Lüftungs- und Klimaanlagen werden immer komplexer und hochwertiger. Ihr erklärtes Ziel ist es, den Feinstaub zu eliminieren und die Innenräume permanent mit möglichst sauberer Frischluft zu versorgen. Gleichzeitig soll die neue Technologie natürlich möglichst wenig Energie verbrauchen. Eine große und wichtige Herausforderung.

Bei allen Filteranlagen spielt die Wartung eine wesentliche Rolle für den dauerhaft störungsfreien und effizienten Betrieb. Damit verbunden sind Nebenkosten für Service und Material, die beim Kauf oftmals nicht bekannt sind oder beim späteren Betrieb gescheut werden. Beim Betrieb in Wohn-, Arbeits- und Schlafräumen werden Betriebsgeräusche durch Lüfter oft als störend empfunden. Der nachträgliche Einbau stationärer Lüftungs- und Filteranlagen in bestehende Gebäude ist meist mit erheblichem logistischen und finanziellen Aufwand verbunden.

Groß im Kommen sind auch „Green Buildings". Sowohl Privat- als auch Geschäftsgebäude werden dabei nach strengen ökologischen, baubiologischen und gesundheitlichen Aspekten geplant. Atmungsaktive Baustoffe gehören ebenso dazu wie natürliche Luftbefeuchtung, Wärmedämmung und eine ausgeklügelte Heiztechnik. Gerade im Heizungsbereich steckt ein enormes Potenzial, die Feinstaubbelastung durch effiziente Heizsysteme aus sauberen und natürlichen Energien immens zu senken.

Manche mögen's heiß…

…aber gesund ist das nicht immer. Schwierig wird's vor allem, wenn Menschen mit sehr unterschiedlichen Wärme- und Kälteempfinden in einem Raum zusammenarbeiten. Als Orientierung sollte dann die allgemein empfohlene Raumtemperatur und Luftfeuchtigkeit gelten. Diese sind nicht nur Wohlfühlfaktoren, sondern haben auch maßgeblichen Einfluss auf den Erhalt der Gesundheit und die Wohnqualität.

Ist es im Wohnraum über längere Zeit hinweg zu feucht, kann dies zu ungesunder Schimmelbildung führen und sogar die Bausubstanz gefährden. Ist es hingegen zu heiß und trocken, werden Augen und Schleimhäute gereizt und ausgetrocknet. Dadurch haben Bakterien und Viren leichtes Spiel und können leichter in den Organismus eindringen.

Die optimale relative Luftfeuchtigkeit

liegt zwischen 40 bis 60 %, die optimale Zimmertemperatur zwischen 19 bis 22 Grad Celsius. Um beides verlässlich und regelmäßig messen zu können, lohnt sich die Anschaffung eines oder mehrerer Zimmerthermometer sowie eines einfachen Hygrometers für den Hausgebrauch.

Luftionisation – so funktioniert's

Ein Aspekt, der im Zusammenhang mit Feinstaub immer häufiger zur Sprache kommt, ist die Ionisation der Atemluft. Dabei passiert folgendes: Wenn aus einem Atom bzw. Molekül Elektronen entfernt werden, bleibt ein sogenanntes Plus-Ion, also ein positiv geladenes Ion zurück. Lagern sich hingegen neue Elektronen an, entsteht ein negativ geladenes Ion, auch Anion oder Minus-Ion genannt. Bei guter Atemluft besteht immer ein gesundes Verhältnis zwischen positiven und negativen Ionen ▲.

In der Natur findet dieser Austausch von Elektronen laufend statt, da sie ständig bemüht ist, ein natürlich ausgeglichenes Verhältnis herzustellen. Zu einer besonders starken Ionisierung kommt es in der zerstäubenden Gischt an Wasserfällen, durch die UV-Strahlung und durch Blitze. So ist es kurz vor einem Gewitter besonders schwül und drückend. Wir empfinden diesen Zustand als unangenehm und reagieren oft gereizt und mit Kopfschmerzen. Kein Wunder, dass „es drückt", denn „es liegt was in der Luft". Im wahrsten Sinne des Wortes ist die Luft in solchen Momenten bis zum Dreifachen mit Plus-Ionen geladen. Die Entladung erfolgt auf natürlichen Wegen durch Blitz und Donner. Danach ist die Luft abgekühlt und wie frisch gereinigt, die Kopfschmerzen sind verschwunden.

Je mehr Minus-Ionen in der Luft vorhanden sind, umso angenehmer wird dies von den meisten Menschen empfunden. Unser Körper und unsere Lungen wissen, was für sie gesund ist.

Negative Ionen aktivieren den Sauerstoff im Blut, unterstützen unsere gesamten biochemischen Abläufe, verbessern die Vitalität und helfen, den Bluthochdruck sowie die Anfälligkeit für Allergien zu senken. Aus diesen Gründen geht es uns in der

Natur meistens sehr viel besser als in geschlossenen Räumen. Denn hier sinkt durch die verstärkte Nutzung elektronischer Geräte die Anzahl der Minus-Ionen auf ein Minimum, manchmal sogar gegen Null. Das Fehlen von negativen Ionen in der Atemluft belastet unsere Gesundheit. Da ist es nur zu verständlich, wenn Menschen auf „dicke Luft" mit Nervosität, Depressionen, Schlafstörungen, Erschöpfung, Kreislaufbeschwerden und einer generell verminderten Belastbarkeit reagieren.

Die Ionenanzahl sinkt mit zunehmender Luftverschmutzung.

Positive und negative Ionen in unserer Umgebungsluft schwanken stark, je nach Lebensraum und Situation. Hier ein paar Durchschnittswerte aus der Literatur im Vergleich:

Anzahl der Ionen pro cm^3

	negativ geladene Ionen	positiv geladene Ionen	total
An Wasserfällen	32000	1600	33600
Klare Bergluft	2000	2500	4500
Normale Luft	1500	1800	3300
Kurz vor einem Gewitter	750	2500	3250
Nach einem Gewitter	2500	750	3250
Typische Büroluft	150	200	350
Geschlossenes Auto	50	150	200
Klimatisierte Innenräume	0	25	25

Doch was hat dies nun alles mit Feinstaub zu tun? Ganz einfach. Minus-Ionen bewegen sich mit einer Geschwindigkeit von etwa einem Meter pro Sekunde durch die Luft in Richtung einer geerdeten Oberfläche. Die negativ geladenen Teilchen verbinden sich in der Luft durch die natürliche Anziehung von Plus und Minus mit Staub, Abgasen, Aerosolen und allen sonstigen schädlichen Partikeln, die überwiegend positiv geladen sind. Die Staubteilchen wachsen so zu größeren Agglomeraten an und sinken schneller zu Boden. Und auch hier ist die Technik ständig am weiter Entwickeln und Forschen. Das Ziel ist eine anwenderfreundliche Technologie ohne schädliche Einflüsse, die sicherstellt, dass unsere Raumluft eine ausreichende Zahl von Minus-Ionen enthält. Solch ein natürliches Verhältnis senkt die Feinstaubbelastung merklich.

Das Rosenheimer Unternehmen memon bionic instruments GmbH forscht auf diesem Gebiet schon seit über 20 Jahren. Und kann bemerkenswerte Erfolge vorweisen.

Nach dem Vorbild der Natur mit der memon Technologie gegen Feinstaub

© Daniel Stricker / PIXELIO

Wie Sie ja am Anfang dieser Broschüre lesen konnten, wird Feinstaub in verschiedene Fraktionen unterteilt. Grundsätzlich sedimentieren Staubteilchen über 10 μm sehr schnell zum Erdboden. Schon die Grobfraktionen von 2,5 bis 10 μm sind kleiner und leichter. Sie sinken daher langsamer auf den Boden zurück. Und je feiner die Partikel sind, umso hartnäckiger verbleiben sie in den oberen Luftschichten. Und damit leider auch auf Höhe unserer Atmungsorgane. Hier können sie, wie ebenfalls eingangs beschrieben, gravierende gesundheitliche Schäden anrichten.

Daher war der Ansatz für memon völlig klar: Die Feinstaubteilchen müssen dazu gebracht werden, schneller zu Boden zu sinken! Also sollten sie größer und schwerer werden. Aber wie? Die Feinstaub-Spezialisten setzen auf die natürliche Anziehung zwischen positiven und negativen Ionen. Um diese zu verstärken, wurden die verschiedenen Elemente der memon Technologie sinnvoll miteinander kombiniert.

Die Wiederherstellung einer gesunden Raumluft mit einer natürlichen Ionenverteilung sorgt für einen verstärkten Zusammenschluss der Feinstaubteilchen. Die allerfeinsten Teilchen haften dabei an den gröberen an, die Agglomerate werden größer und schwerer. Die Anzahl der Kleinstpartikel nimmt ab, die Anzahl großer Partikel nimmt zu.

Das Resultat

Der Feinstaub sinkt viel schneller zu Boden und zieht dabei die allergefährlichsten, sonst immer frei herumschwebenden Feinstäube mit sich herab. Sie verlassen den Bereich der Atemluft, können nicht mehr in Lunge und Blutbahn gelangen und dort keinen Schaden mehr anrichten.

memon hat den erfolgreichen Einsatz seiner sogenannten „memonizer" mit Messungen belegt. Hierzu wurden Messgeräte der renommierten Firma Grimm Aerosol Technik verwendet. Diese Messgeräte erkennen die Anzahl und Größe von Staubpartikeln und erfassen Änderungen der Staubkonzentration in Sekundenschnelle. Mehrere Untersuchungen liefen in Zusammenarbeit mit dem erfahrenen Unternehmen AEROMESS mit Hauptsitz in Dresden.

Ergebnisse liegen für verschiedene Innenräume vor. So z. B. für Schulen, öffentliche Gebäude, Kfz-Innenräume, Bürogebäude, Copy-Shops und Apotheken.

In einem Bürogebäude in zentraler städtischer Lage mit direktem Einfluss von Verkehrsabgasen wurde die Feinstaubkonzentration PM_{10} um 20 % reduziert, die PM_1-Fraktion, die wesentlich durch Verkehrsabgase bestimmt wird, sogar um 33 %. Bei Fahrzeuginnenräumen lag die gemessene Reduktion der Partikelkonzentration bei Werten von über 50 %. Die Reduktion zeigte eine Abhängigkeit von der Partikelgröße und ist besonders hoch für Partikel kleiner als 1 Mikrometer, also typischen Abgaspartikeln!

Bei einer zeitgleichen Messung in drei Apotheken in einer Stadt wurden in allen Gebäuden nach der Installation der memon Technologie niedrigere Partikelkonzentrationen und weniger Feinstaub gemessen. Die Reduktionen lagen für PM_{10}, $PM_{2,5}$ und PM_1 bei 15 %, obwohl in der Apotheke in Nebenräumen geraucht wurde, und bei bis zu 35 %, wenn im Gebäude nicht geraucht wird.

Überzeugende Messdaten!

Ein weiterer, sehr aufschlussreicher Test wurde an einer niederländischen Grundschule im Dezember 2011 durchgeführt. In der „Maria-Schule" im niederländischen Pinjacker wurde die Feinstaubkonzentration in zwei Schulklassen eine Woche lang kontinuierlich erfasst. Die Untersuchungen liefen zeitgleich bei Schulklassen im Hauptgebäude und in einem Nebengebäude. Zwei Tage lang wurden die Ausgangswerte ermittelt, danach kam in der Schulklasse im Nebengebäude die memon Technologie zum Einsatz.

Das Ergebnis: Die Feinstaubbelastung außerhalb der Schulzeiten **sank um 19 bis 29 Prozent.** Während des Unterrichts war der Unterschied noch viel gravierender: Die Feinstaub-Belastung **verringerte sich sogar um 36 bis 51 Prozent.**

In dem Klassenzimmer ohne die memon Technik hingegen zeigten sich keine Veränderungen. Zudem wurden die Lehrer über eventuelle unangenehme Begleiterscheinungen des sogenannten „Sick-Building-Syndroms" ▲ befragt. Das Ergebnis war sehr überzeugend: Bei dem mit einem memonizer ausgestatteten Raum im Nebengebäude waren die Beschwerden um 39 Prozent gesunken!

Mit diesen und weiteren Beispielen kann gezeigt werden, dass memon eine einzigartige Möglichkeit bietet, die Konzentration von Feinstäuben in der Raumluft zu reduzieren und damit positiv auf die Gesundheit einzuwirken.

Die memonizer Technologie bietet einige wesentlich Vorteile:

memonizer sind für beliebige Gebäudegrößen skalierbar, vom Single-Appartment bis hin zu ganzen Hotelanlagen. Die Installation ist kinderleicht. Sie erfolgt innerhalb von Minuten ohne weitere bauliche Eingriffe. Es entstehen keine Betriebskosten. Die Feinstaubreduktion ist nur ein Effekt neben weiteren positiven Auswirkungen.

Ihre Raumluft – Ihre Gesundheit

Nun ist sie vorbei – unsere kleine Reise durch die spannende Welt der Raumluft. Aber nur in dieser Broschüre. Für Sie geht sie weiter – jeden Tag aufs Neue. Mit jedem Atemzug nehmen Sie ca. 0,5 Liter Luft zu sich. Und damit rund 12.000 Liter am Tag. Also mehr als genug Grund, auf eine gesunde Luft zu achten. Nutzen Sie dafür die vielen Möglichkeiten, die Ihnen sowohl der gesunde Menschenverstand und die Natur als auch die moderne Forschung und neueste Technologien bieten.

Achten Sie dabei stets gut auf sich und Ihre Angehörigen – in Ihrem Zuhause, am Arbeitsplatz, in allen Schulen und öffentlichen Räumen. Damit Sie sich überall wohl, sicher und gesund fühlen!

Alles Gute wünschen Ihnen die Autoren
Dr. Friedhelm Schneider und
Dr. Michael Steinhöfel

Fragen zu gesundheitlichen Aspekten und zur Feinstaubreduktion beantworten wir im Rahmen unserer Möglichkeiten unter: m.steinhoefel@ medforschung.de.

Kleines Feinstaub ABC – Glossar ▲

Allergene
Ein Allergen ist ein Stoff, der eine überempfindliche Reaktion des Immunsystems auslöst. Solch eine Reaktion nennt man allergische Reaktion. Allergene reagieren durch Kontakt über die Haut, Einatmen oder Aufnahme über die Nahrung.

Alveolen
sind Lungenbläschen, umgeben von einem feinen Netz von Blutgefäßen für den Gasaustausch. Die Lunge hat ca. 300 Millionen Lungenbläschen.

Asthma
Unter Asthma versteht man eine plötzliche und wiederholt auftretende Verengung der Atemwege. Die Muskeln der Bronchien ziehen sich zusammen und verengen so die Bronchien. Ursache hierfür ist eine Entzündung der Schleimhaut in den Bronchien.

Atemluft
Die Atemluft, die wir tagtäglich einatmen, setzt sich in der Regel zusammen aus 21 % Sauerstoff, 0,03 % Kohlendioxid, 78 % Stickstoff und rund 1 % Edelgase. Verbraucht und ausgeatmet sind die Verhältnisse folgendermaßen verändert: Der Anteil des Sauerstoffs hat sich auf 17 % verringert, der Anteil vom Kohlendioxid hat sich auf 4 % erhöht, der Anteil des Stickstoffs bleibt konstant, ebenso der Anteil der Edelgase.

Bronchien
Die Bronchien führen die Atemluft von der Luftröhre in die Lungenbläschen. Auf diesem Weg verzweigen sie sich durchschnittlich 23 Mal. Die kleinsten Bereiche der Bronchien werden Bronchiolen genannt und haben nur 1 mm Durchmesser.

Bronchitis	Eine kurzzeitig (akut) oder länger andauernde (chronisch) Entzündung der Bronchialschleimhaut, oft verbunden mit schmerzhaftem Reizhusten. Im weiteren Verlauf der Erkrankung kommt es zudem zu Husten mit zähem Auswurf. Bei der chronischen Bronchitis spielen Auslöser eine wichtige Rolle, die die Bronchialschleimhaut schädigen (Rauchen, Feinstaub). Eine Sonderform ist die chronisch-obstruktive Bronchitis (COPD), bei der neben dem typischen Husten auch Atemnot auftritt aufgrund einer Verengung der Atemwege (Obstruktion).
COPD	Abkürzung für chronic obstructive pulmonary disease, zu deutsch chronisch-obstruktive Bronchitis. Siehe Bronchitis.
Endotoxine	sind Giftstoffe die bestimmten Bakterien auf ihrer Außenhülle tragen. Endotoxine stammen aus speziellen Bausteinen mit Fett- und Zuckerbestandteilen, so genannten Lipopolysacchariden. Endotoxine spielen bei Entzündungskrankheiten eine wichtige Rolle.
Epidemiologie	ist ein Teilgebiet der Medizin und beschreibt die Verteilung von Krankheiten in der Bevölkerung. Die Epidemiologie nutzt statistische Methoden, um Aussagen über die Häufigkeit einer Erkrankung in einer Population zu treffen.
Feinstaub	Als Feinstaub werden Schwebeteilchen in der Luft bezeichnet, die je nach Größe beim Atmen unterschiedlich tief in die Lunge gelangen. Feinstaub PM_{10} ist kleiner als 10 μm und gelangt bis in den oberen Bereich der Lunge. Feinstaub $PM_{2,5}$ ist kleiner als 2,5 μm und dringt tief in die Atemwege bis zu den Bronchiolen vor. Ultrafeinstaub $PM_{0,1}$ ist kleiner als 0,1 μm und kann sogar in die Lungenbläschen eindringen.
HEPA-Filter	HEPA ist das Kürzel für "High Efficiency Particle Air". Ein

HEPA-Filter beseitigt 99,97 % aller Partikel größer als 0,3 μm Durchmesser. Das heißt, von 10.000 Partikeln in der Luft lässt der HEPA-Filter nur 3 Partikel durch.

Innenraum Zu den Innenräumen zählen per Defintion Wohnungen mit Wohn-, Schlaf-, Bastel-, Sport- und Kellerräumen, Küchen und Badezimmern. Innenräume in öffentlichen Gebäuden (z. B. Krankenhäuser, Schulen, Kindertagesstätten, Sporthallen, Bibliotheken, Gaststätten, Theater, Kinos) sowie das Innere von Kraftfahrzeugen und öffentlichen Verkehrsmitteln (Bus, Zug). Ebenfalls dazu zählen Arbeitsräume, die nicht dem Geltungsbereich der Gefahrstoffverordnung unterliegen.

Ionen sind elektrisch geladene Teilchen. Man unterscheidet negative (Minus-Ionen) und positive Ionen. Negative Ionen tragen einen Überschuss an Elektronen. Zudem unterscheidet man Kleinionen, die sehr gut beweglich sind und Großionen, die auf Grund ihrer hohen Masse eher träge sind. Viele Kleinionen sind ein Indiz für gute, frische Luft.

Mikrometer Die Kurzbezeichnung von Mikrometer ist μm. Ein μm ist ein Tausendstel Millimeter.

PM PM ist die Abkürzung für „particulate matter". Die Zusätze „10" oder „2,5" beziehen sich auf den Partikeldurchmesser. (siehe auch Stichwort „Feinstaub").

Sick-building-Syndrom Bei einem Sick-building handelt es sich um ein Gebäude, das durch seine Beschaffenheit und seine äußeren Gegebenheiten gesundheitliche Beschwerden verursacht. Das daraus entstehende Sick-Building-Syndrom (kurz SBS) hat kein medizinisch klar umrissenes Krankheitsbild, wird aber durch die WHO international verbindlich als Krankheit definiert. Nach dieser Definition ist ein SBS gegeben, wenn mehr als

10 bis 20 % der Nutzer eines Gebäudes über diverse Beschwerden klagen. Die Symptome sind vielfältig. Sie reichen von Unwohlsein, Mattigkeit und Schlaflosigkeit über Allergien, Kopfschmerzen, Schädigung des Immunsystems oder Reizungen der Augen und Atemwege bis zu Depressionen, Störungen der Nieren und Leberfunktion oder sogar Krebs. Die Ursachen und Auslöser des SBS sind ebenfalls vielfältig. Bekannte Ursachen sind z. B. schlecht gewartete Klimaanlagen, Ausdünstungen aus Baumaterialien, Gerüche aus neuen Möbeln, versteckter Schimmelpilzbefall, u.a.m..

UBA   Das Umweltbundesamt ist Deutschlands zentrale Umweltbehörde. Verantwortlich für den Vollzug von Umweltgesetzen, die Information der Öffentlichkeit in Fragen des Umweltschutzes und für die wissenschaftliche Unterstützung der Bundesregierung.

UFP   Bei UFT handelt es sich um ultrafeine Partikel, die Teil des Feinstaubs sind. Ultrafeine Partikel haben einen Durchmesser von kleiner als 0,1 μm.

VOC   Volatile Organic Compound, zu deutsch flüchtige organische Verbindungen, sind Stoffe, die leicht verdampfen also flüchtig oder bei Raumtemperatur bereits gasförmig sind. Organisch bedeutet dies, dass die Stoffe Kohlenstoff enthalten, z. B. Formaldehyd, aromatische Kohlenwasserstoffe, Weichmacher und viele andere mehr.

WHO   Die WHO steht für World Health Organisation, zu Deutsch Weltgesundheitsorganisation. Sie koordiniert das internationale öffentliche Gesundheitswesen im Rahmen der Vereinten Nationen.

Quellenangaben

[1]   BBC (British Broadcasting Corporation)
      http://www.bbc.co.uk "History Trails"
      Abrufungsdatum: 08.12.2012

[2]   Hufeland C.W.: (1992) Makrobiotik oder Die Kunst, das menschliche
      Leben zu verlängern. Seiten 200, Insel Verlag.

[3]   WHO, World Health Organization (1996) Update and revision of the
      WHO air quality guidelines for Europe. European Center for Environ-
      mental and Health, Bilthoven, The Netherlands Vol. 6 Classical.

[4]   Peters A., J. Heinrich und H.-E. Wichmann (2002) Gesundheitliche
      Wirkungen von Feinstaub – Epidemiologie der Kurzzeiteffekte.
      Umweltmed Forsch Prax 7, 101-116.

[5]   Heinrich J., V. Grote, A. Peters und H.-E. Wichmann (2002) Gesund-
      heitliche Wirkungen von Feinstaub: Epidemiologie der Langzeiteffekte.
      Umweltmed Forsch Prax 7, 91-99.

[6]   Buekers J., R. Torfs, F. Deutsch, W. Lefebvre, M. Bossuyt (2012) Inschat-
      ting ziektelast en externe kosten veroorzaakt door verschillende mili-
      eufactoren in Vlaanderen, studie uitgevoerd in opdracht van de Vlaam-
      se Milieumaatschappij, MIRA, MIRA/2012/06, VITO, 2012/MRG/R/187.

[7]   Deutscher Allergie- und Asthmabund e.V. (DAAB) Gesellschaft für Um-
      welt- und Innenraumanalytik (GUI), Mönchengladbach: Studie zur
      Feinstaubbelastung im Innenraum. 2005.

[8]   Mücke W., W. Huber, M. Horndasch, R. Hunstein, M. Koch, J. Weindl,
      J. Huber, A. Constantin, G. Matuscheck, J. Lintelmann (2009) Analytik

und Mutagenität von verkehrsbedingtem Feinstaub: PAK und Nitro-PAK, Herbert Utz Verlag, München.

[9] Bundesanstalt für Arbeitsschutz und Arbeitsmedizin (2008), 19 Stäube-Studie: Untersuchungen zur krebserzeugenden Wirkung von Nanopartikeln und anderen Stäuben, M.Roller, 2008, Projekt F 2083.

[10] Maccarelli A., I. Martinelli, A. Zanobetti, P. Grillo, L.-F. Hou, P.A. Bertazzi, P.M. Mannucci, J. Schwartz, P. Baccarelli (2008) Archives of Internal Medicine, Exposure to Particulate Air Pollution and Risk of Deep Vein Thrombosis. Archives of Internal Medicine, Vol. 21, 2008, (168), 920-927.

[11] Calderón-Garcidueñas L., R. Engle, A. Mora-Tiscareño, M. Styner, G. Gómez-Garza, H. Zhu, V. Jewells, R. Torres-Jardón, L. Romero, M.E. Monroy-Acosta, C. Bryant, L.O. González-González, H. Medina-Cortina, A. D'Angiulli (2011) Exposure to severe urban air pollution influences cognitive outcomes, brain volume and systemic inflammation in clinically healthy children. Brain and Cognition, Volume 77, Issue 3, December 2011, 345-355.

[12] Calderón-Garcidueñas L., A. Mora-Tiscareño, E. Ontiveros, G. Gómez-Garza, G. Barragán-Mejía, J. Broadway, S. Chapman, G. Valencia-Salazar, V. Jewells, R.R. Maronpot, C. Henríquez-Roldán, B. Pérez-Guillé, R. Torres-Jardón, L. Herrit, D. Brooks, N. Osnaya-Brizuela, M.E. Monroy, A. González-Maciel, R. Reynoso-Robles, R. Villarreal-Calderon, et al. (2008) Air pollution, cognitive deficits and brain abnormalities: A pilot study with children and dogs. Brain and Cognition, Volume 68, Issue 2, November 2008, 117-127.

[13] Suglia F., S.A. Gryparis, R.O. Wright, J. Schwartz and R.J. Wright (2008) Association of Black Carbon with Cognition among Children in a Prospective Birth Cohort Study. Am. J. Epidemiol. 2008, 167 (3): 280-286.

[14] Elder A., R. Gelein, V. Silva, T. Feikert, L. Opanashuk, J. Carter, R. Potter,

A. Maynard, Y. Ito, J. Finkelstein, and Günter Oberdörster (2006) Translocation of Inhaled Ultrafine Manganese Oxide Particles to the Central Nervous System. Environ Health Perspect. 2006 August; 114(8): 1172–1178.

[15] Bitomsky H. (2008) „Staub". Film, 2007, Regie und Drehbuch Hartmut Bitomsky, Produzent Heino Deckert, ma.ja.de. Als DVD erschienen. bei Good!Movies 2008.

[16] Museum für Energiegeschichte(n), Humboldtstraße 32, 30169 Hannover
http://www.energiegeschichte.de
Abrufungsdatum, 20.10.2012

Kontakte

AEROMESS® GbR
Maxim-Gorki-Straße 57 | 01129 Dresden
E-Mail: info@aeromess.de
Internet: www.aeromess.de

Grimm Aerosol Technik GmbH & Co. KG
Dorfstraße 9 | 83404 Ainring
E-Mail: info@grimm-aerosol.com
Internet: www.grimm-aerosol.com

medforschung
Dr. med. Michael Steinhöfel
E-Mail: m.steinhoefel@medforschung.de
Internet: www.medforschung.de

memon bionic instruments GmbH
Oberaustraße 6a | 83026 Rosenheim
E-Mail: service@memon.eu
Internet: www.memon.eu

Achtung Wasser
Einblicke in die Seele des Wassers

Mit atemberaubenden Fotos gelang es Naturforscher **Bernd Bruns** die verschlüsselte Sprache lebendigen Wassers sichtbar zu machen. Als Pionier auf dem Gebiet der Hydrologie schaffte er es erstmalig, Wasser in seinem natürlichen Fließzustand abzulichten. Seine Illustrationen gelten in der Fachwelt als Sensation und sollen mit diesem Buch nun auch der Öffentlichkeit zugänglich gemacht werden. So wird die Botschaft dieses Lebenselixiers, das Wunder seiner inneren Struktur, jedermann nahegebracht.

Was beinhaltet der Begriff „Information"?
Wie zeigen sich die Strukturen positiv gereiften Wassers?
Wie können wir dem lebensspendenden Element mehr Achtung und Verständnis entgegenbringen?
Was muss geschehen, damit das Wasser wieder in seiner ursprünglichen Kraft und Energie fließt?

Anschaulich und lebendig schildert der leidenschaftliche Fotograf und Wissenschaftler seine eigenen Erfahrungen mit diesem spannenden Element und führt den Leser so zu einer neuen Dimension des Wassermysteriums. Informationen und Leseprobe auf www.achtungwasser.de

Dieses Buch können Sie im online-shop auf www.eu-umweltakademie.eu bestellen

Buchpreis: € 14,95 (D)
ISBN: 978-3-9810728-0-8

Notizen